Bibliografische Information der Deutschen Nationalbibliothek:

Die Deutsche Bibliothek verzeichnet diese Publikation in der Deutschen National-
bibliografie; detaillierte bibliografische Daten sind im Internet über http://dnb.d-
nb.de/ abrufbar.

Impressum:

Copyright © 2010 GRIN Verlag, Open Publishing GmbH
Druck und Bindung: Books on Demand GmbH, Norderstedt Germany
ISBN: 9783640544257

Marcel Demuth

Forstmonitoring

Das ICP FOREST-Programm

GRIN Verlag

Forstmonitoring
Das ICP FOREST-Programm

Marcel Demuth

International Area Studies

1. Semester

Seminar Physisch-Geographische Prozesse in Geoökosystemen

Wintersemester 2009/2010

25.01.2010

Inhaltsverzeichnis   Seite

Abkürzungsverzeichnis

BMELV	Bundesministerium für Ernährung, Landwirtschaft und Verbraucherschutz
BZE	Bodenzustandserhebung
MLU	Ministerium für Landwirtschaft und Umwelt Sachsen-Anhalt
vTI	Johann Heinrich von Thünen-Institut
LWF	Bayerische Landesanstalt für Wald- und Forstwirtschaft
UBA	Umweltbundesamt
NW-FVA	Nordwestdeutsche Forstliche Versuchsanstalt
MLUV / SENSTADT BERLIN	Ministerium für Ländliche Entwicklung, Umwelt und Verbraucherschutz des Landes Brandenburg / Senatsverwaltung für Stadtentwicklung Berlin
WZE	Waldzustandserhebung

1 Einleitung

Der Wald ist eines der wichtigsten Landschaftselemente der Erde. Mit rund 3,6 Milliarden Hektar sind ca. 29 Prozent der Landoberfläche mit Laub- und Nadelbäume bedeckt (SCHENK, W. / SCHLIEPHAKE 2005, S. 391), der Anteil in Deutschland liegt bei rund 31 Prozent (BMELV 2009a, S. 5). Seit Jahrhunderten nutzt der Mensch den Wald, vor allem durch die Verwendung der Ressource Holz als Energieträger und Baumaterial. Die ökonomische Bedeutung des Waldes machen folgende Zahlen deutlich: Im Jahr 2008 erwirtschaftete der Holzsektor rund 168 Milliarden Euro und beschäftigte ca. 1,2 Millionen Menschen in Deutschland (ebd. 2009a, S. 5). Der Wert des Waldes geht allerdings weit über die anthropogene „Ausbeutung" hinaus, denn er erfüllt viele „wichtige Funktionen für den gesamten Landschaftshaushalt" (HOFMEISTER 1997, S. 251). Das Konzept der Funktionen des Waldes (ZUNDEL 1990 in SCHENK / SCHLIEPHAKE 2005, S. 393) weist ihm neben den Nutzfunktionen, die Erholungs- und Schutzfunktionen zu. Besonders hervorzuheben ist die hohe Bedeutung des Waldes hinsichtlich des Boden-, Wasser- und Klimaschutzes, der Grundwasserneubildung, der Filter- und Pufferwirkung sowie der Bereitstellung von Erholungsraum für den Menschen. Trotz der beachtlichen makroökonomischen Zahlen (siehe oben) kommen den Schutzfunktionen in dicht besiedelten und hochindustrialisierten Ländern wie Deutschland eine besondere Rolle zu (BMELV 2009a, S. 5). Inwieweit die Wälder diese Funktionen erfüllen können, hängt von deren Gesundheitszustand ab. Die Vitalität der Waldbäume bzw. der Waldzustand „wird nicht von einem isolierten Faktor, sondern [von] der Summe aller auf das Waldökosystem einwirkenden Umweltfaktoren beeinträchtigt" (MLUV / SENSTADT BERLIN 2004b, S. 8). Zum Einen sind dies natürliche Einflüsse, wie Witterung, Samenbildung und Schadorganismen. Zum Anderen sind es die anthropogen verursachten Einflüsse, die in erheblichem Maße auf das Ökosystem Wald einwirken und die ökologischen, ökonomischen, sozialen und kulturellen Funktionsweisen beeinträchtigen können (LWF 2004, S. 39), wobei die vom Menschen verursachten Luftverunreinigungen die Hauptgefahr darstellen (HOFMEISTER 1997, S. 254). Die genauen Wirkungen der Schadstoffe sind allerdings unklar, da der Wald ein offenes System ist und es dadurch zu sehr komplexen Prozessen kommt. Die verschiedenen Stressfaktoren, sowohl natürlich, als auch anthropogen, beeinflussen sich gegenseitig und können sich in ihrer Wirkung auf die Stabilität des Waldökosystems abschwächen oder verstärken (BMELV 2009a, S. 16).

Die herausragende Stellung des Waldes für das ökologische Gleichgewicht, die immense Bedeutung für eine Vielzahl von Lebewesen und der hohe ökonomische und soziale Wert erfordern es, dass das Naturgut „Wald" erhalten wird, auch „im gemeinsamen Interesse der Lebensqualität aller Bürger" (LWF 2004, S. 39). Um wirksame Maßnahmen einleiten zu können, müssen die „forstlichen" Entscheidungsträger auf verlässliche wissenschaftliche Informationen über die Funktionsweisen und Wirkungen von Schadstoffen im Wald zurückgreifen können, sowie Kenntnisse über den aktuellen Zustand der Wälder.

Diese Arbeit soll einen Überblick über den grundlegenden Aufbau, die Ziele und Aufgaben und die Ergebnisse des forstlichen Umweltmonitoring liefern. Zunächst wird im folgenden Kapitel die Entstehung des forstlichen Umweltmonitoring-Programmes aufgezeigt.

2 Entstehungshintergründe

Zu Beginn der 70er Jahre kam es in Folge des jahrzehntelangen unkontrollierten Ausstoßens von Luftschadstoffen seit Beginn der Industrialisierung und der stetigen Intensivierung der Landwirtschaft zu vermehrter Kronenverlichtung und Absterbeereignissen in den europäischen Wäldern. Die so genannten „neuartigen Waldschäden" bzw. das „Waldsterben" wurden erstmals öffentlich diskutiert (HOFMEISTER 1997, S. 253). Die dramatischen Verschlechterungen des Waldzustandes in Europa sowie der Fakt, dass die Ursachen der Waldschäden länderübergreifend wirkten (UBA 2004, S. 21), waren der Ursprung für ein weltweit einzigartiges Beobachtungsprogramm. In Deutschland und anderen europäischen Staaten erkannte man die Notwendigkeit Maßnahmen einzuleiten, die zum einen dem „Waldsterben" entgegenwirken und zum anderen das Natur- und Kulturgut Wald auch für zukünftige Generationen erhält (BMELV 2009a, S. 77; MLUV / SENSTADT BERLIN 2001, S. 9; LWF 2004, S. 39). Daher wurde von Seiten der Europäischen Union und der Wirtschaftsgemeinschaft der Vereinten Nationen (UN ECE) 1986 ein Programm ins Leben gerufen, das offiziell als „ICP FOREST" bezeichnet wird (SENSTADT BERLIN 2001, S. 9): Das *International Co-operation Programme on Assessment and Monitoring of Air Pollution Effects on Forests.*

Die Grundlage für dieses Programm ist das 1979 unterzeichnete und 1983 in Kraft getretene Übereinkommen über weiträumige grenzübergreifende Luftverunreinigungen, die so genannte Genfer Luftreinhaltekonvention. Für die Umsetzung des Abkommens und dem Aufbau des Programmes ICP FOREST wurden von Seiten der EU eine Reihe von Richtlinien erlassen, wobei die Ratsverordnung Nr. 3528/86 als das rechtliche Grundfundament angesehen werden kann (LWF 2004, S. 39; SENSTADT BERLIN 2001, S. 9; BML 1995, S .3).

Der grundlegende Aufbau des Programmes und die auf deutscher Ebene beteiligten Organisationen sind Inhalt des folgenden Kapitels.

3 Aufbau des Programmes

Allgemein kann das ICP FOREST als ein „mehrstufig aufeinander abgestimmtes Untersuchungsprogramm mit unterschiedlichen Intensitätsstufen" (MLUV / SENSTADT BERLIN 2001, S. 9; ebd. 2004a, S. 3; UBA 2004, S. 21) bezeichnet werden. Es untergliedert sich in die so genannte „Level I"- und „Level II"-Erhebung (vgl. Abbildung 1).

Auf der Ebene der „Level I"-Untersuchung wird eine flächenrepräsentative bzw. flächendeckende Stichprobenerhebung durchgeführt, welche sich aus der Waldzustandserhebung (WZE) und der Bodenzustandserhebung (BZE) zusammensetzt. Die WZE wird seit

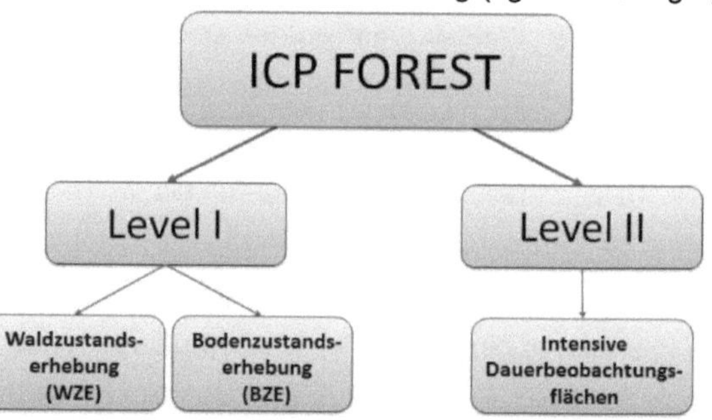

Abbildung 1: Grundaufbau des ICP FOREST (Quelle: eigene Darstellung)

1984 jährlich durchgeführt (in den neuen Bundesländern seit 1990), wohingegen die BZE nur alle 10 bis 20 Jahre wiederholt wird. Die bisher einzige (vollständige) BZE fand im Zeitraum von 1987 bis 1993 statt. Die zweite Intensitätsstufe („Level II") umfasst ein Intensivmonitoring auf ausgewählten Dauerbeobachtungsflächen. Erst 1994 entschieden sich die Teilnehmerländer des ICP FOREST für eine Einführung dieser zusätzlichen Untersuchungsebene. Bei der „Level II"-Erhebung handelt es sich im Gegensatz zu der „Level I"-Untersuchung nicht um eine repräsentative Stichprobe sondern beinhaltet Fallstudien, die auf die in Deutschland am häufigsten vorkommenden Waldflächen verteilt sind (UBA 2008, S. 135; ebd. 2004, S. 21f; MLUV / SENSTADT BERLIN 2001, S. 9; LWF 2004, S. 78). Die differenzierte Ausrichtung der beiden Untersuchungsebenen spiegelt sich in der unterschiedlichen Anzahl der Aufnahmepunkte und deren Verteilung wider (vgl. Abbildung 2). 2008 gab es im Level I 423 Probepunkte, wohingegen im Level II nur an 88 Probepunkte Messungen erfolgten (BMLV 2009a, S. 78, BMLV 2009b, S. 5).

Abbildung 2: Verteilung der Level I- und Level II-Standorte in Deutschland (Quelle: Umweltbundesamt 2009)

Für die Durchführung des ICP FOREST lassen sich auf Bundesebene zwei Akteure nennen. Zum Einen das Bundesministerium für Ernährung, Landwirtschaft und Verbraucherschutz (BMELV), welches das Programm durch eine Bund-Länder-Arbeitsgruppe koordiniert und Deutschland gegenüber der EU und ICP FOREST vertritt (Umweltbundesamt 2009). Zum Anderen das Johann Heinrich von Thünen-Institut (vTI), das auf nationaler Ebene die Koordination des Programmes und deren Auswertung leitet sowie als nationales Datenzentrum fungiert (UBA 2008, S. 135). Die Erhebungen erfolgen durch die Forstverwaltungen der einzelnen Bundesländer. Speziell für Sachsen-Anhalt ist die Nordwestdeutsche Forstliche Versuchsanstalt für die Aufnahme der Daten verantwortlich, wobei es sich allerdings um eine gemeinsame Einrichtung der Länder Sachsen-Anhalt, Hessen und Niedersachsen handelt (Nordwestdeutsche Forstliche Versuchsanstalt 2009).

Die Zielsetzung des Programmes und dessen Aufgaben sind Inhalt des folgenden Kapitels.

4 Ziele und Aufgaben

Das Hauptziel des ICP FOREST ist die Umweltbeobachtung des Waldes. Je nach Teiluntersuchung (Level) differenzieren sich die Zielbeschreibungen:

Das Ziel der Level I-Untersuchung ist es, mit vertretbaren Kosten und Zeitaufwand aktuelle Informationen über den Gesundheitszustand des Waldes mit Hilfe verschiedenster Indikatoren zu erfassen und zu bewerten (MLUV / SENSTADT BERLIN 2001, S. 9; UBA 2007, S. 37), sowie mögliche Schadstandorte zu lokalisieren und zukünftige Entwicklungstrends zu erkennen (MLUV / SENSTADT BERLIN 2001, S. 12). Das Ergebnis soll eine regelmäßige Übersicht über die räumliche und zeitliche Veränderung des Zustandes der Waldbäume und Waldböden geben.

Im Gegensatz zum Level I liegt der Fokus des Level II nicht auf der deskriptiven Analyse des Waldzustandes, sondern auf den prozessualen Funktionsweisen und deren Verständnis. Das Ziel besteht darin, die wichtigsten ökosystemaren Einflussfaktoren und deren Wirkung zu beschreiben (MLUV / SENSTADT BERLIN 2001, S. 9), neue Erkenntnisse über die Ursachen-Wirkungs-Beziehungen zwischen den Luftschadstoffen und der Entstehung von Waldschäden zu erhalten und somit die Berechnung von Critical Loads[1] zu ermöglichen (UBA 2004, S. 21).

Somit hat das Programm die Aufgabe, Informationen über den Zustand der Wälder und deren Funktionsweisen zu sammeln und den Entscheidungsträger der Umweltpolitik und der forstlichen Praxis, sowie der Wissenschaft und der Öffentlichkeit zur Verfügung zu stellen (LWF 2004, S. 40).

Im nächsten Abschnitt wird aufgezeigt, mit welcher Methodik diese Ziele erreicht werden sollen.

---

[1] Critical Loads stellen eine langfristige betrachtete kritische Eintragsschwelle dar und sind in der Luftreinhaltepolitik als quantitative Indizes für die Belastung von Waldökosystemen anerkannt (Umweltbundesamt 2009).

5 Durchführung und Methodik

In Hinblick auf die Vielzahl der beteiligten Länder und Institutionen des ICP FOREST sowie der Fülle an Parametern, die im Rahmen dieses Programmes erhoben werden (siehe Abbildung 3), ist es von immenser Bedeutung, für eine Vergleichbarkeit der Daten und Ergebnisse, dass es eine genau festgelegte Arbeitsweise gibt. Daher sind sämtlichen Methoden des Programmes – von der Erhebung genau definierter Indikatoren bis hin zu den Laboranalysen – in einem umfangreichen Methodenhandbuch festgelegt, dem so genannten „Manual on methods and criteria for harmonized sampling, assessment, monitoring and analysis of the effects of air pollution on forest" (UBA 2004, S. 23). Die darin festgelegte Methodik wird permanent mit Blick auf den wissenschaftlichen und technischen Fortschritt verbessert und europaweit harmonisiert (LWF 2004, S. 40f; MLUV / SENSTADT BERLIN 2001, S. 9). Anhand der Tabelle 1 wird die Vielfältigkeit und die Breite der zu erhebenden Parameter deutlich.

Tabelle 1: Übersicht der Aufnahmeparameter des ICP-FOREST

Programm		Level I	Level II
Parameter	**WZE**	• Kronenansprache	• Deposition
	BZE	• Bodenzustand • Profilbeschreibung • Elementgehalt Blätter/Nadeln • Vegetation • Totholz • Bestandsaufnahmen	• Bodenzustand • Bodenlösung • Waldklima • Zuwachs • Vegetation • Totholz • Streufall
Frequenz	**WZE**	Jährlich	dauerhaft bis jährlich
	BZE	alle 15 Jahre	

Quelle: UBA 2008, S. 136

5.1 Level I

Wie bereits im vorherigen Kapitel beschrieben, handelt es sich bei der Level I-Erhebung um ein Stichprobenverfahren, welches sich aus den Elementen WZE und BZE zusammensetzt. Die Festlegung der für die Stichprobe in Frage kommenden Standorte erfolgt mit Hilfe eines systematischen geographischen Gitternetzes. Entscheidend hierbei ist die Größe des Gitternetzes, das wiederum davon abhängig ist, welche regionale Einheit betrachtet wird und welche statistische Sicherheit gegeben werden soll (MLUV / SenStadt Berlin 2001, S. 9). Die Einrichtung eines Stichprobenpunktes erfolgt jeweils dort, wo ein Schnittpunkt des Gitternetzes auf eine Waldfläche fällt. Auf Bundesebene erfolgt dies auf einem 16x16 km-Netz. Die Gitternetze der Bundesländer weichen zum Teil erheblich von dieser Größe ab (bspw. Berlin 2x2 km oder Sachsen-Anhalt 4x4 km), da ein zu großes Gitternetz keine repräsentativen Aussagen zulässt (MLUV / SenStadt Berlin 2004b, S. 10; BMELV 2009b, S. 25). An den ausgewählten Standorten werden permanente Kontrollpunkte in einem so genannten Kreuztrakt (vgl. Abbildung 3) eingerichtet.

Von dem Schnittpunkt des Gitternetzes aus werden in alle vier Himmelsrichtungen im Abstand von 25 Metern zum Schnittpunkt 6-Baum-Satellitenstichproben eingerichtet. Diese insgesamt 24 Bäume werden mittels visueller Beurteilung des Kronenzustandes in die Waldzustandserhebung (WZE) aufgenommen. Die Aufnahmefläche der Bodenzustandserhebung (BZE) findet sich ebenso im Bereich diese Kreuztraktes (vgl. Abbildung 3) (NW-FVA 2008, S. 8f; MLUV / SenStadt Berlin 2004a, S. 5).

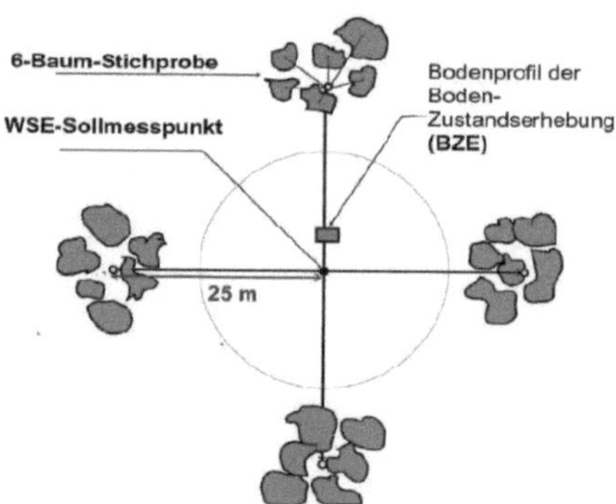

Abbildung 3: Einrichtung eines Level I-Probepunktes nach der Kreuztrakt-Methode (Quelle: MLUV / SenStadt Berlin 2004a, S. 5)

5.1.1 Waldzustandserhebung

Die WZE liefert Aussagen über die Vitalität des Waldes und wird jährlich im Juni und August durchgeführt (BMELV 2009a, S. 77). Als Indikator dafür dient der Kronenzustand der Stichprobenbäume, der über die visuelle Bewertung der Kronenverlichtung und des Vergilbungsgrades der Nadeln bzw. Blätter erfasst wird.

Die Abschätzung der Verlichtung der Probebäume erfolgt in 5 %-Stufen. Als Hilfsmittel dient dem Aufnahmepersonal dabei die so genannte „Bildserie zur Einschätzung von Kronenverlichtungen bei Waldbäumen". Anhand der prozentualen Kronenverlichtung werden die Bäume in bestimmte Schadstufen eingeordnet (siehe Tabelle 2). Alle Bäume, die eine Kronenverlichtung von weniger als 10 Prozent aufweisen, fallen in die Schadstufe 0. Die weiteren Schadstufen 1 bis 4 weisen auf immer stärker werdende Verlichtung hin, beginnend bei „schwacher Kronenverlichtung" (11-25 %) in der Schadstufe 1 bis hin zu „Abgestorben" (100%). Die Blatt- bzw. Nadelverluste werden unabhängig von den Ursachen eingewertet. Lediglich mechanische Schäden (bspw. das Abbrechen eines Kronenteils durch den Wind) gehen nicht in die Berechnung ein (BMELV 2009a, S. 77; MLUV / SenStadt Berlin 2004a, S. 5f; ebd. 2004b, S.12f; NV-FVA 2008, S. 9f; Umweltbundesamt 2009).

Tabelle 2: Schadstufen der Kronenverlichtung

Schadstufe	Nadel- /Blattverlust	Bezeichnung
0	*0 - 10 %*	Ohne sichtbare Kronenverlichtung
1	*11 – 25 %*	Warnstufe (schwache Kronenverlichtung)
2	*26 – 60 %*	Mittelstarke Kronenverlichtung
3	*> 60 %*	Starke Kronenverlichtung
4	*100 %*	Abgestorben

Quelle: NW-FVA 2008, S. 8

Zusätzlich wird der Vergilbungsgrad der Blätter bzw. Nadeln aufgenommen und mit den Ergebnissen der Kronenverlichtung zu europaweit verbindlichen Schadstufen kombiniert. So werden Bäume, die eine Vergilbung von über 25 % aufweisen und bei der Kronenverlichtung in die Schadstufen 0 bis 2 fielen, automatisch der nächst höheren Schadstufe zugeordnet. Liegt die Vergilbung gar bei über 60 % steigt der

Baum zwei Schadstufen nach oben. Die kombinierten Schadstufen lassen sich aus der Tabelle 3 ableiten. Allerdings muss diesbezüglich angebracht werden, dass seit Jahren die Vergilbungsrate sehr gering ausfällt und somit die Kronenverlichtung maßgeblich die Einstufung in kombinierte Schadstufen bestimmt (BMELV 2009a, S. 77; MLUV / SENSTADT BERLIN 2004a, S. 5f; ebd. 2004b, S.12f; NV-FVA 2008, S. 9f).

Tabelle 3: kombinierte Schadstufen der Kronenzustandsbeschreibung

Kombinationsstufen				
Kronenverlichtung/ Nadel-Blattverlustprozent	*Vergilbungsstufe / Vergilbungsprozent*			
	0	*1*	*2*	*3*
	0 – 10%	*11 – 25%*	*26 – 60%*	*> 60%*
0 – 10%	0	0	1	2
11 – 25%	1	1	2	2
26 – 60%	2	2	3	3
61 – 99%	3	3	3	3
100%	4 (abgestorben)			

Quelle: BMELV 2001, S. 14

5.1.2 Bodenzustandserhebung

Die Auswahl der BZE-Untersuchungsflächen wird durch eine systematische Zufalls-stichprobe als Unterstichprobe auf den bestehenden WZE-Probeflächen getroffen. Für die Gewinnung von Mineralbodenproben werden an jedem BZE-Punkt Material aus einer Profilgrube (vgl. Abbildung 3) und acht Satellitenbohrungen für die Tiefen-stufen 0-5 cm, 5-10 cm, 10-30 cm, 30-60 cm und 60-90 cm zu Mischproben vereinigt. Darüber hinaus erfolgen, soweit möglich, in der Mitte der Profilgrube Tiefenbohrun-gen zur Gewinnung von Proben aus den Tiefen 90-140 cm und 140-200 cm. Das Material für die Untersuchungen der Humusauflage wird als flächendeckende Misch-probe an den acht Satellitenpunkten gewonnen (Umweltbundesamt 2009). Die Da-tenerhebung und die Durchführung der Laboranalysen erfolgt durch die Bundeslän-der, welche die wichtigsten Daten für eine bundesweite Auswertung anschließend zur Verfügung stellen. Die Analyse der Proben der Mineralböden beinhaltet auf Bun-desebene folgende bodenchemische Merkmale:

- pH-Wert (KCL und H_2O)
- Basensättigung
- Sättigungsgrad der Kationensäuren
- Austauschbare Elementvorräte (Ca, Mg, K, Al, Fe, Mn, H)
- Elementgesamtgehalt (C, N, P)

Bezüglich der Humusauflage liegt der analytische Fokus auf folgenden Merkmalen:

- Elementvorräte (C, N, P, Ca, Mg, K, Al, Fe, Mn, Pb, Cu, Cd, Zn)

Bis zum jetzigen Zeitpunkt gibt es eine vollständige Bodenzustandserhebung, die im Zeitraum von 1987 bis 1993 stattfand. Seit 2006 erfolgt die zweite Bodenzustandserhebung, bei der die Außenaufnahmen 2008 beendet wurden und aktuell die Laboranalysen erfolgen. Mit Ergebnissen kann allerdings erst ab dem Jahr 2013 gerechnet werden (BMELV 2009a, S. 77f; Umweltbundesamt 2009).

5.2 Level II

Die Level II-Untersuchung unterscheiden sich erheblich von denen des Level-I, da es sich hierbei nicht um eine Bestandsaufnahme handelt, sondern um eine prozessorientierte Untersuchung. Es werden langfristige Beobachtungen zu vielen Teilbereichen des Ökosystems Wald vorgenommen. Neben der Aufnahme des Kronenzustandes, welche auch Bestandteil der Level I-Erhebung ist, werden eine Vielzahl weiterer Parameter u.a. bezüglich der Immissionen und Depositionen, metrologischer Daten, des Bodenzustands, des Sickerwassers und des Grundwassers aufgenommen. Darüber hinaus wird die biochemische Vitalität, die Phänologie, das Bestandswachstum und das Einzelbaumwachstum beobachtet, sowie Analysen der Nadeln und Blätter, des Streufalls, der Bodenvegetation, der Genetik und der biotischen Schadorganismen vorgenommen. Dabei unterscheiden sich die verschiedenen Parameter in ihrer Aufnahmefrequenz (BMELV 2009a, S. 78).

Die Ergebnisse der Waldzustandserhebung werden im folgenden Kapitel genauer vorgestellt.

6 Ergebnisse

Die Darstellung des Gesamtergebnisses des ICP FOREST ist problematisch, da von Seiten der zuständigen Institutionen nicht für jede Teiluntersuchung verwendbare Daten und Informationen zur Verfügung gestellt werden. Dies wird bereits bei der Betrachtung der verfügbaren Literatur deutlich. Im Grunde sind es drei Publikationsreihen: Der Bericht über den Zustand des Waldes, der Waldbericht der Bundesregierung sowie die Waldzustandsberichte der Bundesländer. Daher beschränkt sich die Darstellung der Ergebnisse auf die Beschreibung der Erkenntnisse der Kronenansprache, da für diese durch das jährliche Erscheinen der Waldzustandsberichte auf Bundes- und Länderebene aussagekräftige Daten vorliegen.

6.1 Deutschland

Der Waldzustand 2008 in Deutschland wurde auf Basis von 10.347 Probebäumen an 423 Erhebungspunkten der 16x16 km-Raster berechnet. Insgesamt wurden dabei 38 Baumarten erfasst, wobei 85 % auf die vier Hauptbaumarten Buche, Eiche, Kiefer und Fichte entfielen (BMELV 2009b, S. 5). Seit Beginn der Aufnahme des Kronenzustandes in Deutschland hat sich der Anteil der deutlich geschädigten Laubbäume klar erhöht, bei den Nadelbäumen ist kein klarer Trend zu erkennen (vgl. Abbildung 4). 2004 weisen allerdings alle Baumarten einen erheblichen Anstieg der Verlichtung auf, was als Reaktion auf den sehr heißen Sommer 2003 interpretiert werden kann (ebd. 2009b, S. 14). Im Vergleich zum Vorjahr zeigt sich 2008 im bundesdeutschen Durchschnitt keine größere Veränderung des Kronenzustandes. Der Flächenanteil der Bäume mit deutlicher Kronenverlichtung[2] beträgt 26 % (im Vergleich zu 2007 +1 %), der Anteil der „Schadstufe 1" 43 % (-2 %) und der Anteil der Bäume ohne Verlichtung 31 % (+1 %). Die mittlere Kronenverlichtung[3] ist von 20,7 auf 20,4 % leicht zurückgegangen (ebd. 2009b, S. 4). Für die vier Hauptbaumarten sind folgende Entwicklung festgestellt wurden:

---

[2] Die Anteile der Schadstufen 2 – 4 können zur Kategorie „deutliche Kronenverlichtung" zusammengefasst werden (BMELV 2008, S. 24).
[3] Die „mittlere Kronenverlichtung" gibt den arithmetischen Mittelwert der prozentualen Kronenverlichtung aller Einzelbäume an (NW-FVA 2008, S. 8).

Bei der Fichte hat sich der Anteil der deutlichen Kronenverlichtung im Vergleich zum Vorjahr von 28 % auf 30 % leicht erhöht. Im Gegensatz dazu blieb die mittlere Kronenverlichtung konstant bei 20,8 %. Für die Kiefer zeigt sich ein starker Anstieg der Anteile der deutlichen Kronenverlichtung zum Vorjahr mit 5 % auf nunmehr 18 %. Ebenso stieg die mittlere Kronenverlichtung leicht von 17,8 % auf 18,9 % an. Der Zustand der Buche hat sich deutlich verbessert. Der Flächenanteil der Bäume mit deutlicher Kronenverlichtung ist von 39 % auf 30 % gesunken, ebenso verringerte sich die mittlere Kronenverlichtung von 25,6 % auf 22,0 %. Die Eiche ist die am stärkste geschädigte Baumart. Diese Entwicklung setzt sich auch im Jahr 2008 fort. Im Vergleich zum Vorjahr hat sich der Anteil der deutlichen Kronenverlichtung um 3 Prozentpunkte auf 52 % erhöht und stellt damit den neuen Höchststand dar. Der beunruhigende Kronenzustand der Eiche spiegelt sich auch in der mittleren Kronenverlichtung von 28,3 % wieder (BMELV 2009b, S. 4).

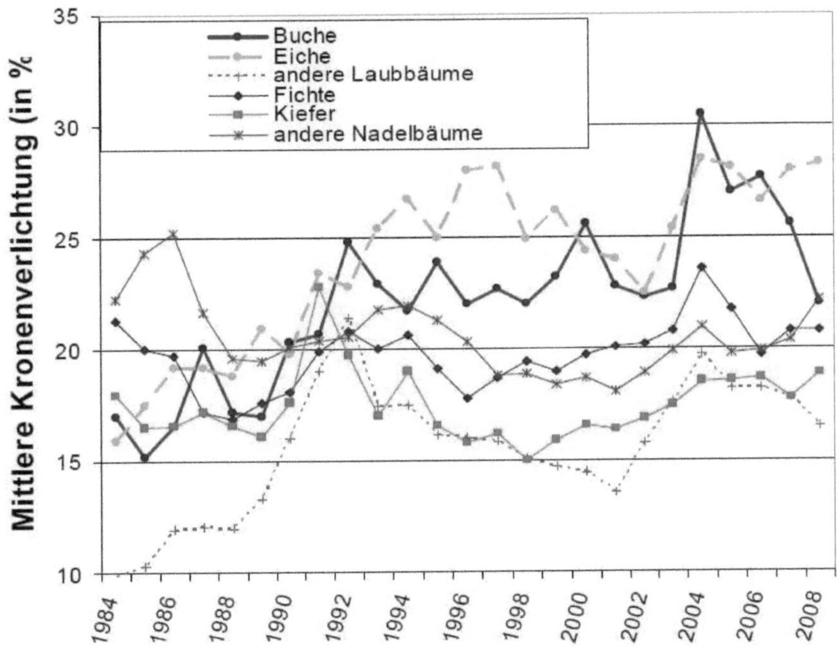

Abbildung 4: Entwicklung der mittleren Kronenverlichtung alle Baumarten in Deutschland von 1984-2009 (Quelle: BMELV 2009, S. 15)

6.2 Sachsen-Anhalt

Für Sachsen-Anhalt wird als Gesamtergebnis der Waldzustandserhebung 2009 eine mittlere Kronenverlichtung von 15 % ausgewiesen. Die Einzelergebnisse der verschiedenen Baumarten weichen allerdings zum Teil erheblich von dieser Gesamtzahl ab. Ebenso kann ein deutlicher Alterstrend identifiziert werden. So zeigen über 60jährige Bäume eine deutlich höhere mittlere Kronenverlichtung als die jüngeren Bestände: Mit 20 % liegt dieser mehr als doppelt so hoch (vgl. Abbildung 5). Da die Kiefer die häufigste Baumart in Sachsen-Anhalt ist, bestimmt sie im Wesentlichen das Gesamtergebnis (NV-FVA 2009, S. 5f). Daher wird im Folgenden die Entwicklung dieser Baumart näher beleuchtet.

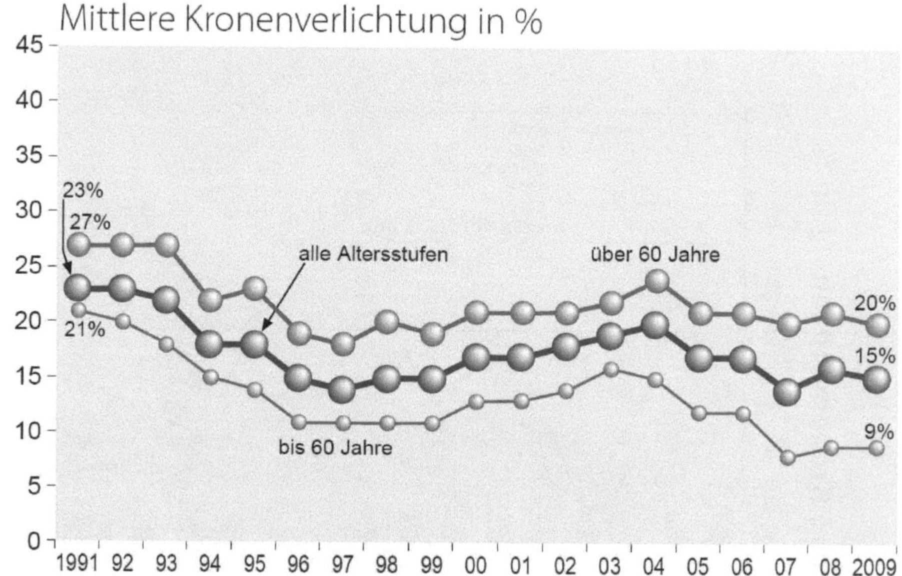

Abbildung 5: Entwicklung der mittleren Kronenverlichtung (Gesamtergebnis) in Sachsen-Anhalt von 1991-2009 (Quelle: NW-FVA 2009, S. 6)

Die mittlere Kronenverlichtung der Kiefer verringerte sich zum Vorjahr um 1 % auf 14 % und stellt im Vergleich zu den anderen Baumarten (vgl. Abbildungen 6, 7, 8 und 9) den niedrigsten Wert dar. Seit Beginn der Zustandserhebung 1991 hat sich die mittlere Kronenverlichtung bei den älteren Kiefern von 30 % auf nunmehr 14 % mehr als halbiert. Eine weitaus positivere Entwicklung ist bei den jüngeren Kieferbeständen zu erkennen. Im Vergleich zur Kiefer weisen Fichte, Buche und Eiche eine erheblich höhere Kronenverlichtung auf. Zwar verbesserten sich teilweise auch deren Ergebnisse im Jahr 2009 (vgl. Abbildungen 7, 8 und 9), mit einer mittleren Kronenverlichtung von 30 bis 33 % stehen sie aber deutlich schlechter da als die Kiefer. Nur durch den hohen Anteil an Kiefernwäldern in Sachsen-Anhalt ergibt sich der positive Zustand des anhaltinischen Waldes (NV-FVA 2009, S. 10f).

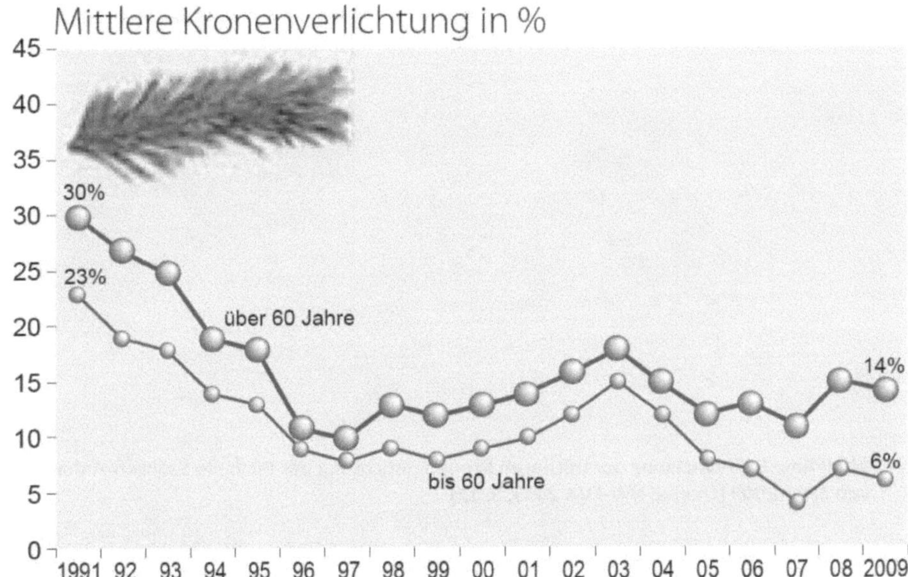

Abbildung 6: Entwicklung der mittleren Kronenverlichtung der Kiefer in Sachsen-Anhalt von 1991-2009 (Quelle: NW-FVA 2009, S. 10)

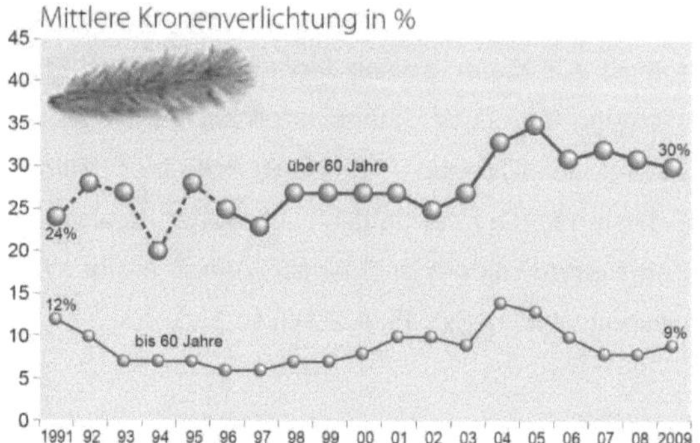

Abbildung 7: Entwicklung der mittleren Kronenverlichtung der Fichte in Sachsen-Anhalt von 1991-2009 (Quelle: NW-FVA 2009, S. 11)

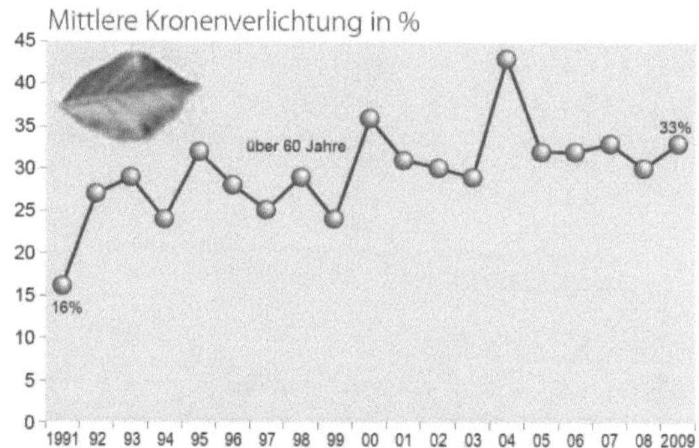

Abbildung 8: Entwicklung der mittleren Kronenverlichtung der Buche in Sachsen-Anhalt von 1991-2009 (Quelle: NW-FVA 2009, S. 12)

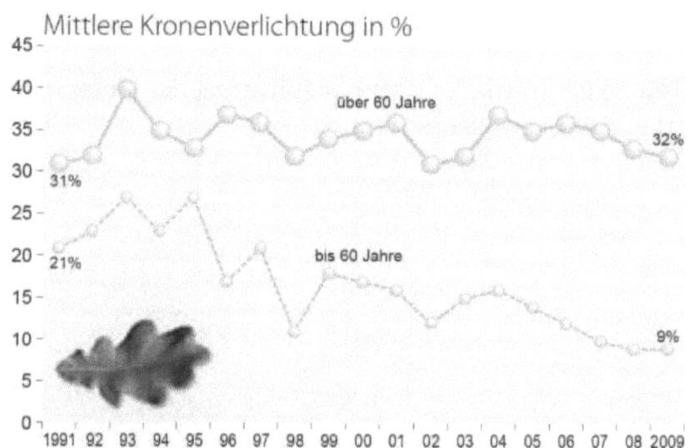

Abbildung 9: Entwicklung der mittleren Kronenverlichtung der Eiche in Sachsen-Anhalt von 1991-2009 (Quelle: NW-FVA 2009, S. 14)

7 Kritik und Fazit

Trotz des Status als „einzigartiges und größtes Monitoringprogramm seiner Art" finden sich einige Kritikpunkte am ICP FOREST.

Kritisch ist zum einen die Methodik zu betrachten. Vor allem die WZE mit der Kronenansprache ist in seiner Genauigkeit und Aussagekraft eingeschränkt. Es ist eine sehr subjektive Methode und beruht auf Schätzungen an relativ wenigen Probebäumen. Die Kronenverlichtung ist ein unspezifisches Merkmal und lässt keine Aussagen über Ursachen-Wirkungsbeziehungen von Stressfaktoren zu (UBA 2008, S. 136), allerdings dient die WZE auch nicht diesem Zweck. Dafür wurde das Programm um die intensiven Dauerbeobachtungsflächen (Level-II) erweitert. Die Kronenansprache dient ausschließlich dafür, den allgemeinen Belastungsstatus des Waldes wiederzugeben. Der Problematik der hohen Subjektivität dieser Methodik wird mit jährlich stattfinden Trainingskursen entgegen getreten.

Ein weiterer Kritikpunkt ist die unzureichende Öffentlichkeitsarbeit. Wie bereits angemerkt, gibt es sehr wenige Studien und Veröffentlichungen über die Arbeiten des ICP FOREST bzw. der Ergebnisse der verschiedenen Untersuchungsebenen. Dies bezieht sich vor allem auf die Level II-Erhebungen. Mit den Waldzustandsberichten des Bundes und der einzelnen Länder werden die Ergebnisse der Level I-Untersuchungen allerdings sehr übersichtlich und detailliert dargestellt. Das beschränkt sich jedoch auf die WZE. Daten über die BZE fehlen ebenfalls. Hier muss allerdings berücksichtigt werden, dass zum jetzigen Zeitpunkt erst eine vollständige BZE erfolgte. Genauere Erkenntnisse über Veränderungen in den Böden lassen sich erst mit Vergleichsdaten erarbeiten. Diese Daten werden aktuell mit der zweiten BZE gesammelt. Deren Auswertung dauert allerdings noch an und somit kann voraussichtlich erst 2013 mit genaueren Ergebnissen gerechnet werden.

Abschließend muss jedoch positiv angemerkt werden, dass es sich bei dem ICP FOREST um das größte Umweltprogramm seiner Art handelt. Aktuell sind 41 Staaten beteiligt (BMELV 2009a, S. 77) und es werden eine Vielzahl von Erhebungen getätigt. Die Datenfülle und die Internationalität machen das Programm zu einem sehr komplexen Gebilde, dessen Abstimmung und Durchführung mit erheblichen Schwierigkeiten verbunden ist. Aber gerade auf Grund der Größe des Programmes, der Internationalität und der Fülle an Daten werden wichtige Informationen und Erfahrungen auch für zukünftige Arbeiten gesammelt. Die Ergebnisse dieses Programmes sind eine wichtige Grundlagen für ein besseres Verständnis des Ökosystems Wald, dem Abschätzen von Risiken sowie für Maßnahmen seitens der Umweltpolitik und ebenso der Forstwirtschaft.

Literatur

BMELV [Hrsg.] (2009b): Ergebnisse der Waldzustandserhebung 2008. Berlin.

BMELV [Hrsg.] (2001): Dauerbeobachtungsflächen Waldschäden im Level II-Programm – Methoden und Ergebnisse der Kronenansprachen seit 1983. Arbeitskreis „Krone" der Bund-Länder Arbeitsgruppe Level II. Berlin.

BML [Hrsg.] (1995): Dauerbeobachtungsflächen zur Umweltkontrolle im Wald. Deutscher Beitrag zum Europäischen Waldschadensmonitoring (Level II). Bundesforschungsanstalt für Forst- und Holzwirtschaft. Bonn.

HOFMEISTER, H. (1997): Lebensraum Wald: Pflanzengesellschaften und ihre Ökologie. Berlin.

LWF [Hrsg.] (2004): Innovation durch Kontinuität. Zukunft des forstlichen Versuchswesens und des langfristigen Umweltmonitoring unter veränderten politischen Rahmenbedingungen. Freising.

MLUV / SENSTADT BERLIN [Hrsg.] (2004a): Forstliches Umweltmonitoring. Waldschadensentwicklung 1991-2004 in der Region Berlin und Brandenburg. Berlin. Potsdam.

MLUV / SENSTADT BERLIN [Hrsg.] (2004b): Waldzustandsbericht 2004 der Länder Brandenburg und Berlin. Berlin. Potsdam.

MLUV / SENSTADT BERLIN [Hrsg.] (2001): Waldzustandsbericht 2001 der Länder Brandenburg und Berlin. Berlin. Potsdam.

NW-FVA (2009): Waldzustandsbericht 2009 Sachsen-Anhalt. Im Auftrag des Ministerium für Landwirtschaft und Umwelt Sachsen-Anhalt. Göttingen.

NW-FVA (2008): Waldzustandsbericht 2008 Sachsen-Anhalt. Im Auftrag des Ministerium für Landwirtschaft und Umwelt Sachsen-Anhalt. Göttingen.

SCHENK, W. / SCHLIEPHAKE, K. [Hrsg.] (2005): Allgemeine Anthropogeographie. Gotha. Stuttgart.

UBA [Hrsg.] (2008): Der „gute ökologische Zustand" naturnaher terrestrischer Öko-systeme – ein Indikator für Biodiversität?. Tagungsbad zum Workshop in Des-sau, 19./20.9.2007. Dessau-Roßlau.

UBA [Hrsg.] (2007): Daten zur Umwelt – Umweltindikatoren Ausgabe 2007. Dessau.

UBA [Hrsg.] (2004): Länderübergreifende Auswertung von Daten der Boden-Dauerbeobachtung der Länder. Berlin.

http://www.uba.de/umweltbeobachtung/uid/forests/; letzter Abruf: 05.01.10

http://www.nw-fva.de/index.php?id=6, letzter Abruf; 04.01.10

http://www.bmelv.de/cln_172/DE/Landwirtschaft/Wald-Jagd/wald-jagd-node.html; letzter Abruf: 07.01.10